AF371197

M. D'ARTOIS

ET LE

PÈRE DUCHÊNE

À VENISE.

M. D'ARTOIS

ET

LE PERE DUCHÊNE

A VENISE.

VENISE est comme on sait le pays des rencontres singulières, Candide y a bien soupé au cabaret avec six têtes couronnées. Vous vous ennuyez, Mōnseigneur, dans ce triste Turin, au milieu de l'étiquette, moitié piémontoise, moitié espagnole : les réfugiés François commencent à n'y pas être vus de trop bon œil, sur-tout depuis que le projet sur Lion a échoué, et que le clergé voit déjouer ses saintes cabales. Croyez-moi, Monseigneur, allons à Venise, nous nous y amuserons peut-être ; du moins nous changerons de lieu, nous verrons des choses nouvelles, et le déplacement est une resource quand on s'ennuie. — Vous avez raison, mon cher d'Hesnin, repondit le candide comte d'Artois , allons à Venise , aussi bien ceux qui m'ont fait quitter la France me rendent victime de leur sottise , et s'en prennent à moi de ce que le peuple sait lire , de ce que l'esprit public se forme , et de ce que les nobles et les prêtres ne peuvent pas opérer la contre-révolution qu'ils vouloient tramer sous mon nom. Partons : et le lendemain ils se mettent en marche. Ils arrivent à Milan incognito, Philippe d'Artois ayant reconnu trop tard qu'il est bien difficile a un prince de connoître les hommes et d'entendre la vérité , et s'étant décidé à prendre pendant le voyage le nom de Candide, et son confident celui de Cacambo.

Descendus dans la meilleure auberge , ils demandent s'il n'y a point quelques voyageurs avec lesquels ils puissent passer la soirée : on leur dit qu'il venoit d'arriver un cabriolet qui conduisoit une femme et un abbé , et qu'on les avoient entendu nommer madame Paquette et l'abbé Giroflée. » Parbleu, dit le bon Philippe, cela et singu- » lier ! Retrouverions-nous ici tous les ac- » teurs de Candide? Ce sont peut-être d'au- » tres réfugiés à qui la même idée sera ve- » nue. Voyons qui c'est, nous les con- » noîtrons peut-être ».

Le nouveau Cacambo va s'informer : quelle fut sa surprise quand dans la Paquette il reconnoît la célèbre Jules Polignac , et dans Giroflée l'abbé Vermont ! Quoi ! c'est vous d'Hesnin , dit la ci-devant duchesse ! — Oui c'est moi, et je m'apelle Cacambo. — Où est le prince? — Il est ici. — Comment! je vous croyois à Lion à la tête d'une armée de prêtres , de nobles et de savoyards ! — Le projet a manqué, la mine a été éventée , trois de nos meilleurs travailleurs ont eu la mal-adresse de se laisser prendre, on les a mis à Pierre-Ancise , leur procès est instruit, et on vient de les envoyer avec les pièces de conviction à Paris , où l'assemblée nationale va les soumettre au jugement d'une haute cour nationale qu'on fabrique exprès pour cela. — Comment les ministres ont-ils souffert cela ? — Les ministres ! il n'y en a plus. — Quoi ! Saint-Priest, Champion , la Tour-du-Pin , la Luzerne.... — Il n'en est plus question , le bon peuple de Paris a eu l'insolence de remarquer leurs cabales , ils ont été dénoncés à l'assemblée nationale , et le roi a eu la foiblesse d'écouter plutôt la justice et son amour pour le peuple que nos cabales et les fausses terreurs que nous lui voulions faire inspirer. —Mais on aura du moins su les remplacer par des gens dévoués au bon parti ? — Point du tout ; Champion est remplacé par un du Port du Tertre, qui logeoit sous les tuiles , dans la rue d'Angevillers. — C'est donc un intrigant bien adroit ! — Point du tout, c'est une espèce que personne ne connoît ; il n'a que du talent et des vertus , cela fait horreur ! — Et qui a pu faire faire un choix si misérable ? — Deux monstres , ce Bailly qui a opéré la réunion dans l'assemblée nationale , et ce la Fayette qui , ayant si fort contribué à la révolution d'Amérique , en a rapporté l'amour de la liberté et l'expérience de la vieillesse encore à la fleur de l'âge. — Je n'en reviens point ! cet homme bien né, tenant à tout le monde , fait pour aller a tout , préfère platement la liberté à l'ancien régime, qui l'auroit porté au faîte des honneurs ! — C'est un homme noyé, et qui n'osera plus se montrer dès que la contrerévolution sera effectuée. — Mais où en est-elle ? J'arrive de Rome , et quand je suis partie , nous avions si bien travaillé les cardinaux qu'ils ne souffriront pas que le pape consente à la constitution civile du clergé. Les évêques, forts de ce refus, feront pleuvoir les mandements, les instructions pastorales ; les curés feront de bons prônes bien séditieux, les confesseurs n'accorderont l'absolution qu'à ceux qui protesteront contre les décrets de l'assemblée nationale ; une bonne bulle la déclarera schismatique, les ames timorées s'exalteront, la guerre civile s'allumera, et nous reprendrons notre empire sur les ruines du nouvel édifice de la constitution, que nous renverserons avant qu'il soit achevé. — C'étoit bien notre projet, et il paroissoit bien concerté. — Il ne peut manquer de réussir, le roi ne sanctionnant pas le maudit décret. — D'acord, mais c'est qu'il l'a sanctionné. — Sanctionné ! .... y songez vous ? — Cela n'est que trop vrai, ce maudit honnête homme de garde des Sceaux n'a pas eu de cesse qu'il ne l'ait obtenu : mais nous avons un Ami soi-disant du peuple, que nous soudoyons pour joüer le démagogue et prêcher les assassinats et la guerre civile pour le bien public ; il le noircira comme il a déjà fait Bailly et la

Fayette , et nous serons vengés. — La vengeance est un plaisir sans doute , mais a quoi sert-elle si l'on n'a pas un parti ? et il me semble que le nôtre commence à foiblir furieusement. On voit bien que je n'y suis plus , ni mon pauvre Vermont.

Alors Candide, impatienté d'attendre inutilement le retour de Cacambo, vint voir ce qui l'arrêtoit , et charmé de retrouver Paquette et Giroflée à Milan, il embrassa l'une et l'autre. On soupa , on rit , on s'attrista, on philosopha, politiqua, cabala, intrigua, déraisonna , etc. et le refrein de toutes les phrases étoit , que tout seroit pour le mieux , si l'assemblée nationale étoit dissoute , les parlemens rétablis , le clergé réintégré, et le trésor de la nation remis au cher Calonne.

Comme on étoit au dessert , on entendit grand bruit dans l'auberge, une berline arrivoit du côté de la Suisse ; c'étoit Calonne , qui s'en alloit aussi passer à Venise le carnaval. Il n'y avoit plus de provisions dans l'hôtellerie , le Sibarite avoit faim , il fit prier les étrangers qui soupoient , de l'admettre à leur table , ils y consentirent, et furent enchantés quand ils reconnurent le prodigue ex ministre.

On s'embrassa , on but à la contre-révolution , et l'on interrogea l'arrivant sur les
nouvelles de France. Les nominations de
Fleurieu au ministère de la marine , et de
du Portail a celui de la guerre , excitèrent
l'animadversion des convives. Un marin
modeste, ami de la révolution, à la tête de
nos forces demer ! quel ridicule ! on y
plaçoit d'ordinaire un maître des requêtes
où un intendant , et avant qu'ils fussent au
fait de la besogne , les protégés de la cour
avoient le tems de faire leurs affaires ;
mais avec un homme du métier , il n'y
aura plus moyen de propager les abus ,
ni d'en tirer parti. Et pour la guerre , un
officier de génie célèbre pendant la révolution d'Amérique ! un homme ami de
la liberté ! c'est vouloir tout perdre , nos
enfans n'auront plus de régiment à vingt-
trois ans , et d'anciens officiers parvenus
par leur mérite à la tête des corps , respec-
teront trop le front cicatricé d'un vieux et
brave soldat, pour le faire assommer de
coups de plat de sabre pour une tache ou
pour un bouton de manque à son habit ;
il n'y aura plus de discipline , et tout sera
perdu : si le mérite seul porte aux places ,

notre crédit est anéanti. Comme ils en étoient à ces doléances, un nouveau bruit se fait entendre ; c'étoit monseigneur de Juigné qui s'en alloit, à Rome, cabaler auprès du Saint-Père. Cacambo, qui étoit sorti au bruit, rentra l'instant d'après conduisant le saint Prélat. Paquette l'embrassa , Candide lui serra la main , les autres le saluèrent et la conversation recommença.

La religion n'est plus , dit-il , en soupirant ; les enfans de Bélial se sont emparé des biens du clergé , la nation veut payer ses dettes et supprimer le luxe des ministres saints , elle veut elle-même soulager ses pauvres et substituer le salaire de travaux utiles aux petites distributions de soupe qu'on faisoit avec faste aux portes de nos palais ; l'indigent trouvera sa subsistance dans le travail et l'on ne nourrira sans rien faire que les veillards , les enfans et les infirmes. L'assemblée nationale porte l'audace jusqu'à rappeller les jours de l'église primitive , ces tems de scandale où le peuple élisoit ses pasteurs, et où des mœurs, de la piété et une vie exemplaire étoient le seul moyen de réunir les suffrages et de parvenir aux dignités ; elle supprime les églises inutiles et rabaisse les évêques aux fonctions de curés ; un prélat sera contraint de remplir ses devoirs, de résider dans son diocèse et d'en visiter les différentes paroisses : ils osent dire, les impies, qu'ils ne touchent point à la foi ! mais qu'est-ce que la foi, si ce n'est ce que l'on croit ? hé ! ne croyoit-on pas que nous étions les images de Dieu sur terre ? que nous étions les infaillibles interprêtes du Très-Haut. Le croira-t-on encore après leurs décrets odieux, quand d'une main profane ils saisissent l'encensoir et lui défendent de fumer que pour l'Eternel ? Mais il ne sont pas arrivés au point qu'ils veulent atteindre : je viens d'envoyer un mandement qui démasque aux fidèles leurs complots ; je défends aux prêtres de mon diocèse d'être citoyens, de se soumettre à la loi ; et, tant dans les chaires que dans les confessionaux, on travaillera si bien les consciences que les décrets de l'assemblée nationale n'auront pour défenseurs que les gens instruits, et vous savez qu'heureusement ce n'est pas le grand nombre ». Paquette applaudit ; Giroflée, Cacambo et

Calonne se frottèrent les mains ; Candide devint pensif. « Qu'avez-vous donc, lui demanda Paquette? — J'ai du chagrin; je suis loyal, j'aime le plaisir ; je n'ai jamais su compter, j'avois du crédit, on a payé mes dettes ; on m'en a fait faire de nouvelles, qu'on m'assuroit qu'on payeroit encore ; mais je n'ai jamais voulu faire répandre le sang, ni opprimer le peuple. Quand j'ai quitté la France, j'ai cru, sur parole, que l'honneur m'en faisoit un devoir; qu'on menaçoit les jours de mon frere, qu'on vouloit lui arracher la couronne, et que me faisant un parti chez l'étranger, je pourrois rassembler auprès de moi les bonsfrançois, et rentrer en force pour rétablir l'autorité royale en écrasant les factieux : mais le roi est content, on le respecte, on l'aime, il agit de concert avec l'assemblée nationale, et je vois que tous les mécontens ne trouvent à blâmer dans la constitution que les articles qui les concernent individuellement ; cela me feroit penser que l'on m'a trompé, et je suis souvent tenté de retourner dans ma patrie, où je goûtois plus de plaisir en un jour que je ne m'en suis procuré depuis tout le tems que j'en suis éloigné. On s'empressa de calmer le bon Candide, chacun se retira, Paquette le suivit dans son appartement, et employa la nuit à lui procurer les consolations convenables, et à l'affermir dans les principes adoptés par le parti dont il étoit le chef sans en connoître l'esprit.

Le lendemain on se remit en marche. Paquette monta dans la voiture de Candide avec Calonne, qui prit le nom de Martin ; et Cacambo fit route avec Giroflée : le saint Archevêque suivit le chemin de Rome, où sûrement il trouvera plus d'indulgence qu'il n'en pourroit espérer dans son diocèse à moins qu'il ne devînt citoyen, changement difficile à présumer.

La présence du nouveau Martin n'en imposa point à Candide, qui, charmé d'avoir retrouvé Paquette, lui témoignoit le plaisir d'avoir rompu la longue abstinence dont il gémissoit depuis son passage des Alpes. Ils allèrent de Milan à Bresce, à Veronne à Padoue, et enfin ils arrivèrent à Venise sans avoir eu d'aventure, ayant passé le le tems à commenter tour-à-tour Machiavel et l'Arétin, et à murmurer con-

tre la cocarde tricolore et contre la constitution. Calonne , en prenant le nom de
Martin , en avoit adopté les principes ; il
devenoit manichéen , et regrettoit madame le Brun et le contrôle général. Descendus dans une des meilleures auberges
de la ville , ils crurent , malgré leur changement de nom , devoir aller chez l'ambassadeur de France. Ils prirent des gondoles
et s'y rendirent. Le ci-devant marquis de
Bombelles étoit dans son cabinet , avec
des françois nouvellement arrivés à Venise , et ne croyoit pas devoir les quitter
pour des Candides et des Paquettes ; il
s'excusa de paroître en les faisant inviter
à souper pour le soir : ils insistèrent pour
être admis chez l'épouse de la petite excellence , et ils réussirent. A peine le candide d'Artois fut - il introduit que l'am-
bassadrice surprise : — Quoi, monseigneur,
c'est vous ! Pardon si l'on vous a fait attendre . . . . si j'avois pu prévoir . . . — Le
nom que j'ai pris madame , prouve que je
veux rester inconnu ; ne me nommez pas
je vous prie , et laissez-moi jouir de la liberté attachée à l'obscurité. — Il faut cependant . . . . non de grace. — Permettez. . . .

qu'on aille dire à M. l'Ambassadeur de passer ici dans l'instant. Le familier part, fait son message ...: Au diable, dit le baron de Breteuil, qui étoit avec l'Ambassadeur. « Nous ne sommes pas ici comme » en france, et les Paquettes peuvent » attendre qu'on veuille bien leur donner » audience. Parbleu, quand j'étois minis-» tre, toute la cour et la ville attendoient » bien dans mon anti-chambre que j'eusse » expédié mademoiselle C., ou quelque » autre de ses pareilles ». Le valet insista ; le baron de Copet, qui étoit du petit comité, engagea l'excellence à se rendre aux invitations de sa femme : il céda, et laissa les deux barons concerter avec le ci-devant duc de la Vauguyon les moyens de rétablir dans l'empire des lys, les théo-aristo et robinocraties. Arrivé chez sa femme, le Bombelles ne s'avoit comment s'excuser vis-à-vis du faux Candide de son refus de le recevoir, mais quelques plaisanteries de Paquette et de Martin, firent cesser son embarras, et l'offre du souper acceptée pour le soir mit tout le monde à l'aise: les convives allèrent attendre à l'opéra l'heure du festin.

Cependant un nouveau voyageur s'étant présenté à l'hôtel de l'ambassadeur , fut, suivant l'usage de l'excellence , invité au repas du soir.

Après un opéra buffa , que nos fugitifs applaudirent sans l'entendre , on se réunit pour le souper , et s'étant rassemblés dans le sallon , le bon Candide ne fut pas peu surpris de reconnoître six ministres déplacés , Calonne , le baron de Copet , le despote Breteuil , le visir Saint-Priest , le jésuite la Vauguyon , et l'archevêque de Sens , qui venoit d'arriver pour passer le carnaval à Venise. Il craignoit toujours que les deux premiers n'en vinssent aux aux mains , d'après les fréquens défis qu'ils s'étoient si souvent fait par écrit. On alloit se mettre à table quand le convive invité pendant le spectacle entra. Il étoit simplement vêtu , une pipe dans la vaste corne de son chapeau , la physionomie ouverte, mais dure : on l'annonça le Père Duchêne. A ce nom la maîtresse de la maison parut allarmée , sa réputation de décence dans le propos étant assez mal établie et l'ayant devancé à Venise. Mille bombes, madame, lui dit-il , vous avez peur , rassurez-vous ;

quand

quand je fume ma pipe en buvant le petit verre sous les Piliers des halles o u sur
le port, et que je jure avec nos Dames de
la halle ou de la place Maubert, je parle
leur langage ; mais mille dieux ! quand je
suis avec des mantelets ou des poufs, je
me retiens, et s'il m'échappe quelque ju-
ron, c'est ne vous déplaise comme un
vent qui glisse sans qu'on s'en apper-
çoive, il n'y faut pas prendre garde : mais
j'ai bon cœur, je suis brave homme, j'aime la nation, la loi et le roi, et vous vous
trouverez peut-être bien de ce que j'au-
rai à vous dire. D'après cette apologie,
la conversation devint générale, on s'en-
tretint de la nouvelle constitution de
France, de l'espoir qu'on avoit eu d'opérer
une contre-révolution par le moyen de l'Es-
pagne, de la fatalité qui avoit fait échouer
toutes les entreprises, des vains efforts de
M. Copet pour décrier les assignats, et
des brigues avortées pour empêcher la
vente des domaines nationaux, des espé-
rances qu'on avoit eues de fomenter des
troubles en Provence et dans le Comtat,
de la cruelle surveillance des municipalités
et de la garde nationale, des efforts pour

armer les catholiques contre les protes-
tans , des intrigues pour soulever les prêtres de l'Alsace et de la Lorraine alle-
mande , des cabales pour exciter les récla-
mations des évêques de Trèves , de Spire
et de Strasbourg , et pour intéresser les
princes d'Allemagne à soutenir leur que-
relle ; des ressorts employés près du roi de
Sardaigne et des Suisses, des levées d'aristo-
crates pour se rendre dernièrement à Lion ,
des menées auprès de l'Empereur et de
l'Angleterre pour les engager dans leur
parti , des établissemens de clubs aristo-
cratiques dans tout le royaume , de leur
haine pour le roi et de l'attachement qu'ils
témoignoient à ses prérogatives pour le
porter à des démarches despotiques qui
auroient aliéné le cœur des peuples , de
l'inutilité de toutes leurs tentatives et de
la nécessité de mieux ourdir de nouvelles
trames pour les faire réussir. Chacun des
six ex-ministres réconciliés pour la ruine
publique , détailloit les ressources qu'il ap-
percevoit et les moyens d'en profiter.
Paquette et Giroflée indiquoient les ma-
nœuvres qui leurs paroissoient les plus
faites pour réussir ; Cacambo écoutoit ,

opinoit du bonnet, ou donnoit diamètra-
lement à gauche , et Candide se mordoit
les pouces de se voir engagé dans des démarches dont il n'avoit pas prévu les suites
et dont il ne s'avoit comment se retirer
honnêtement. Le père Duchêne profitant
d'un moment où tout le monde méditoit
en silence , éleva la voix et dit : Monsieur Candide, puisque Candide y a , car
ce n'est pas au Père Duchêne qu'on en
donne à garder , le mal est plus difficile à
faire que le bien , encore faut il se cacher.
Mille pipes du diable ! des méchans vous
ont entraîné dans le margouillis ; donnez
moi la main , sarpejeu , je vous aiderai à
vous en retirer. Vous êtes le seul brave
homme de tout ce que je vois ici ; laissez
moi leur dire leur fait à tous, et après
ça suivez mes avis , vous vous en trouverez bien. Vous êtes de bonne roche , je
vous tirerai d'affaire. L'embarrassé Candide lui ayant fait un signe d'approbation ,
il continua :

Vous êtes tous de francs roués , car le
peuple le dit et la voix du peuple est la
voix de Dieu. Vous, madame Paquette, et
monsieur Giroflée , votre faste, vos caba-

les , vos flateries , vos déprédations ont indisposé contre la princesse que vous trompiez, tous les cœurs , que ses graces et son affabilité lui avoient captivés. Dès qu'on a vu que vous aviez sa confiance , on ne l'a plus crue digne de l'amour qu'elle inspiroit , et on l'a supposée coupable de toutes les horreurs qu'on vous savoit capables de lui conseiller ; et , si elle m'en croyoit , je lui dirois : envoyez à tous les diables ces infâmes conseillers , consultez votre cœur , soyez ce que vous étiez dans vos premières années , et nous vous chérirons comme nous faisions alors. Pour vous, M. de Copet , vous avez été l'idole de la France parce que vous ne mettiez pas d'impôt ; on vous adoroit parce qu'on vous croyoit l'ami du peuple , vous lui avez fait accorder une double réprésentation qui a sauvé l'état , nous ne l'oublirons jamais ; mais vous n'avez pas été de bonne foi avec l'Assemblée nationale; vous vouliez qu'on ne pût pas se passer de vous. On peut bien en imposer à un roi qui n'a que deux yeux et deux oreilles qu'on bouche aisément , quand on écarte de lui ceux qui pourroient lui faire voir ou entendre la vérité ; mais on n'abuse pas de même une grande nation représentée par de nombreux députés : vous avez voulu passer pour un trop grand homme , votre orgueil vous a perdu ; je ne vous crois pourtant pas coupable de tout ce qu'on vous impute ; restez tranquille , vous avez de gros biens, jouissez-en, mais ne cabalez pas , sinon , vous pourriez vous en trouver mal , je vous le dis en ami. Pour vous M. Martin ou Calonne , souvenez-vous de la Bretagne , et de la réputation que vous vous y étiez acquise. Il falloit une cour aussi corrompue pour qu'on songeât à vous élever au ministère ; vous avez de l'esprit, mais vous l'avez méchant et fourbe : pour vous maintenir dans un poste où vous ne deviez jamais parvenir , vous avez prodigué le sang du peuple aux vampires de la cour , et vous n'avez appellé les notables que dans l'espoir de les composer à votre gré , d'obtenir de cette assemblée corrompue ou le droit de faire la banqueroute ou des secours extraordinaires qui pussent y parer. M. de Brienne , plus fin que vous parce qu'il est prêtre , s'est élevé sur vos ruines en jouant le civisme et la popularité ; et tout en vous déprimant, a voulu faire usage de tous vos

projets ; ses déprédations ont égalé les vô-
tres, et son despotisme a tout surpassé ;
l'indignation publique l'a chassé et c'est
bien fait. Vous vous êtes sauvés, l'un en
Angleterre, l'autre dans son diocèse : ah !
mille bombes, que n'y restez-vous ? Méri-
tez qu'on vous oublie ; c'est la plus grande
faveur que vous puissiez attendre du peuple. Pour vous, ministre d'un jour, Loyola
la Vauguyon, mettez la main sur la cons-
cience : avez-vous assez d'étoffe pour être
un conspirateur ? végétez à la ville, à la
cour, ou dans vos terres, mais ne cher-
chez pas à vous élever jusqu'au règne ani-
mal ; cette prétention iroit au-delà de
vos forces. Quand à vous, despote Breteuil, votre nom est trop en exécration
dans votre patrie pour que vous songiez
à jamais y rentrer : achettez un attelier
près d'Heidelberg, et suivez le conseil que
vous a donné monsieur de Créqui, ennuyé
d'attendre dans votre antichambre :

> Travaillez, travaillez, bon Tonnelier,
> Racommodez votre cuvier.

Quand à vous, célèbre Guignard, quoi-
que j'admire la constance avec laquelle
vous vous êtes cramponné dans le ministère, malgré la haine du peuple et les soup-

çons dont l'interrogatoire de Bonne Savardin vous avoit couvert ; comme enfin vous avez été contraint de lâcher prise , si vous m'en croyez vous prendrez avec vous votre redoutable *damas* , et vous irez offrir vos services au grand Turc ; ce ne sera , j'espère, bientôt qu'en Asie que vos sentimens sur le gouvernement pourront être admis.

Vous , monsieur l'Ambassadeur , hâtez-vous d'envoyer votre serment civique à l'assemblée nationale, si vous ne l'avez déjà fait , et comptez alors sur l'estime du Père Duchêne.

Quel homme êtes-vous donc , dit Candide , étonné de la fermeté de ses discours et du silence des convives confondus ? On m'appelle le Père Duchêne ! reprit-il ; je suis l'ami de la constitution , et par conséquent l'ami du roi , qui en fait une partie intégrante ; je respecte la loi qui émane de la nation, et que le monarque fait exécuter ; mais mon vrai nom c'est la vérité , depuis long-tems méconnue dans les cours, même dans les villes. J'ai pris pour me faire entendre une écorce grossière , pour être à la portée de tous. J'ai fait jusqu'à présent de vains efforts pour m'approcher de toi ; tes flatteurs , tes corrupteurs m'ont constamment interdit tout accès. Reconnois combien il t'ont trompé sous le masque du faux honneur ; le véritable consiste dans la justice , la bienfaisance et l'humanité ; vois combien de sang auroit coulé, si les projets qu'on ourdissoit sous ton nom avoient été mis à fin ; vois que l'intérêt sordide ou la vaine gloire de tes favoris compromettoit ton nom et te rendoit le moteur d'une guerre civile , et couvre-toi d'une gloire solide , pure , ineffaçable, en abandonnant ces perfides ; aie le courage d'écrire à l'assemblée nationale, à ton frère : « j'ai été trompé , j'avoue mon er» reur, et je rentre dans ma patrie me sou-» mettre à la loi. » Alors tous te béniront , au lieu de reproches tu ne recevras du peuple que des témoignages d'amitié. C'est donc alors dit Candide , que je pourrai dire , avec Pangloss , tout est bien , tout est au mieux ! — Oui , mais avant tout il faut rentrer dans ta patrie.

Le conseil et la prédiction du Père Duchêne auront l'effet qu'on en doit attendre.

Nota. L'Auteur s'est trompé : **M.** d'Hesnin n'étoit pas du voyage : la déclaration de mademoiselle Raucour prouve l'alibi.

De l'Imprimerie de Buisson et Chaudé , rue Pierre-Sarrazin , N°. 7.